1

BENEFICIOS RÁPIDOS DE LAS REDES SOCIALES

Miquel J. Pavón Besalú

Geógrafo

www.compraventa-dominios.com

1ª edición, mayo del 2012.
Safe Creative: 1205061593648.
ISBN: 978-1-4717-8400-2

Dedico este libro
A mi hijo Néstor.

ÍNDICE

DESCUBRE LA FILOSOFÍA 2.0

En las redes sociales es muy fácil publicar contenidos. Las herramientas 2.0 entre las que destacan las redes sociales y los blogs facilitan que los usuarios puedan compartir fácilmente textos, fotografías, vídeos, etc. Esta es la gran novedad que aporta la web 2.0: cualquier persona puede publicar en Internet si lo desea. Es por este motivo que se diga que la web es participativa o que, como mínimo, permite la participación.

La web 2.0 supone un cambio de mentalidad con respecto a la 1.0 donde para publicar contenidos era necesario tener grandes conocimientos técnicos y, en especial, de programación en lenguajes como el HTML o el Javascript. Es por este motivo que sólo unos pocos lo hacían. En esta era de Internet la participación se democratiza. Si se tiene acceso a Internet publicar un vídeo, un texto o participar en las redes sociales es tan simple como crear un perfil con cuatro datos personales y tener una cuenta de correo electrónico.

Esta facilidad a la hora de publicar y compartir contenidos tiene una doble lectura. Por una parte es positiva porque permite a cualquier persona ser visible en la red. Pero por otra, todo ello ha llevado a una saturación tal de información y abundancia de contenidos que se multiplica a diario. Tanto contenido hace que la calidad sea mediocre o empeore.

El mundo 2.0 se popularizó con la expansión de herramientas gratuitas para la creación de blogs tales como Blogger o WordPress y con el éxito de redes sociales tal como Facebook. Es un fenómeno reciente que se ha extendido muy rápidamente. Internet sólo ha necesitado 4 años para tener 50 millones de usuarios mientras que la radio necesitó 40 años y la televisión 13 para lograr la misma audiencia. Facebook tardó sólo nueve meses en tener 100 millones de usuarios.

Es lógico pensar que hay ciertos peligros en publicar aspectos personales en las redes sociales. La clave de todo es aprender a utilizar las herramientas que proporciona la web 2.0 correctamente.

Veamos cómo .....

• **Crear un perfil: ¿qué información comparto?**
El primer paso para participar en una red social es crear un perfil. En la mayoría de plataformas, el único requisito para darse de alta es dar un nombre, un *nickname* (es un pseudónimo con el que se desea aparecer públicamente) y un correo electrónico. Muchas veces se suele pedir la fecha de nacimiento para restringir el alta a los mayores de edad. A partir de aquí la plataforma nos ofrecerá la posibilidad de completar nuestro perfil con una gran cantidad de datos muy diversa según sea la plataforma. Los más habituales son: fecha y lugar de nacimiento, poner una foto, ocupación profesional, aficiones, creencias religiosas, ideología política, etc. ninguno de ellos es obligatorio facilitarlo si no queremos hacerlo. Es en este punto que tenemos que pensar cuáles son nuestros objetivos con respecto a esa red social. En función de nuestros

objetivos y de nuestra idea para aprovecharla tendremos que enfocar el aportar nuestros datos de una forma u otra. Es lógico pensar que no tenemos que dar la misma información en una red que estamos a nivel personal que en otra que lo estemos con fines profesionales. No es necesario completar todo el perfil al darse de alta sino que se puede hacer poco a poco. En algunas redes sociales rellenar todos los datos nos puede requerir mucho tiempo así que es mejor tomárselo con calma. Siempre podremos actualizar la información o cambiarla cuando queramos.

- **El primer paso en una red social es contactar con las personas.** De modo que el primer paso natural es buscar nuestros amigos y conocidos. La gran mayoría de redes sociales permiten la posibilidad de comprobar si los contactos que tenemos en la libreta de direcciones de nuestro correo electrónico forman parte de la plataforma. Es una buena manera de empezar a buscar. La plataforma suele permitir que escojamos de la totalidad de nuestra libreta de direcciones los que se les va a proponer ser nuestro contacto en la plataforma. Esto es útil, por ejemplo, si en nuestra agenda del correo electrónico tenemos mezclados los contactos personales de los profesionales. Una vez hemos localizado nuestros conocidos el siguiente paso sería echar un vistazo a sus contactos por si hay alguno común. También se puede localizar gente usando el buscador interno de la plataforma con el nombre y apellidos o el correo electrónico. Cuando se da con un usuario con el que deseamos hacer contacto llega el momento de hacer la petición de amistad. Cuando la persona que recibe esta invitación la acepta los dos usuarios ya quedan conectados.

Cada uno recibe en su muro las actualizaciones que el otro usuario hace en su perfil.

• **Cada usuario es libre de publicar lo que quiera pero antes es importante pararse a pensar.** La mejor norma es aplicar el sentido común. A lo mejor nos gustaría comentar información pero no con todos. Es el momento de hacer listas de amigos para comunicar según qué sí y según qué no. Para saber las opciones que hay suele ser útil dar un vistazo a la privacidad que nos ofrece la plataforma. Cada persona debe decidir, según su propio criterio, la información que desea publicar en cada red y ser consciente de las repercusiones que puede tener. Si no se desea que algo se sepa simplemente no hay que ponerlo en una red social. Lo mejor es pensar que una red social es como la calle y, por tanto, lo que uno no haría en plena calle mejor no hacerlo en una red social. El día a día en las redes sociales no es muy distinto de lo que ocurre en la calle al contrario de lo que se suele creer.

• **Lo importante es participar.** No es lo mismo estar dado de alta que participar en ella. Son dos cosas distintas. Tener un perfil no presupone participar. Si se es realmente activo es cuando se aprovecha todo el potencial de la red. Ser activos en las redes sociales nos permite ganar visibilidad y posicionarnos como expertos en los temas que dominemos. Para ello hay que hacer contribuciones de calidad que aporten valor y hacerlo de forma regular.

• **Mi reputación la construyo yo.** Es importante gestionar nuestra reputación digital. La reputación es tal y como nos perciben los demás. En la construcción de nuestra imagen influye lo que nosotros decimos, cómo actuamos y lo que los demás dicen de nosotros. Para lograr una buena reputación hay dos pasos básicos: escuchar y conversar. Es recomendable antes de participar ver de qué habla la gente, qué información se comparte y cómo lo hacen. Sólo en el momento que se le ha tomado el pulso a la red social llega el momento de participar activamente.

¿PARA QUÉ LE SIRVE LA RED SOCIAL A UNA EMPRESA?

Voy a intentar explicar **para qué le sirve la red social a una empresa** .... si es que le interesa que le sirva ....

• **Para escuchar.** Hasta no hace mucho había que pagar una buena suma de dinero a empresas de investigación de mercados para saber una opinión no muy fiable de lo que pensaban los clientes de un servicio recibido o de una determinada imagen corporativa de una empresa. Los departamentos de calidad de las empresas suelen hacer encuestas a los clientes para llevar el pulso de cómo va el negocio. A mí, cada vez que me llaman de Telefónica, del banco o del taller de reparación del coche les pongo un cero patatero. Me va bien esta política porque Telefónica la última vez que me llamó me hizo un descuento del 15% en las tres siguientes facturas. Pero siguen sin aprender. Con abonos no arreglan su mala imagen fruto de la mala calidad y del mal trato a sus abonados. Digo abonados porque no tratan a la gente como clientes de verdad. El problema importante está en que no saben escuchar. Ahora el acceso directo a nuestro público objetivo lo tenemos y gratis en la web. Si de verdad queremos saber en qué fallamos sólo es necesario estar un rato leyendo opiniones sobre nosotros en las redes sociales, los foros y los blogs.

• **Para dialogar y para interactuar.** Las redes sociales están enfocadas a la conversación. Cuando se escribe una entrada en un blog el autor suele entablar conversaciones a través de los comentarios y con su comunidad de lectores. Todo el mundo sabe que la publicidad de boca a oreja es la mejor que hay. También hay que tener en cuenta que un cliente satisfecho lo contará a un amigo. Pero un cliente insatisfecho lo contará a diez amigos y, para colmo, va a escribir en veinte foros una opinión que hundirá la reputación de la empresa de forma considerable. El perjuicio económico puede ser incalculable frente al pequeño gasto de atender una queja o reclamación. Las discusiones entre empresa y cliente ha dejado de ser algo privado y acaba aireándose todo a los cuatro vientos. Algunos temas acaban teniendo una audiencia internacional en cuestión de horas.

- *Cambiar el chip*. El cliente, en realidad, está haciendo un favor al quejarse a la empresa de forma directa. Es una oportunidad para solucionar un posible problema general y, de paso, conseguir su fidelidad.
- *Costes*. Siempre es más caro encontrar un cliente nuevo que mantener un cliente existente.
- *Reputación*. En un mundo donde la comunicación es pública una buena reputación da más ventas que una costosa campaña publicitaria.

- **Para comunicar nuestro mensaje.** Se puede intentar introducir nuestro mensaje en los foros o comunidades que van a estar más abiertas a nuestros productos o actividades. O, al revés, se pueden buscar las comunidades que tienen más probabilidad de tener interés en nuestros productos o servicios.

- **Para gestionar la reputación**. Tomemos, por ejemplo, el actual caso Urdangarín. Lo que se pone en entredicho es el supuesto mal hacer, incívico y antisocial, de los miembros de la casa real española que se supone que deberían dar buen ejemplo. Todos los medios propagaron la noticia de tal forma que surcaron los mares por todo lo ancho y alto de este mundo en instantes. Aún y saber la casa real los hechos tiempo atrás tuvo que hacer un gesto inmediato en el momento que su reputación cayó por los suelos. No se actuó años antes cuando estaban al caso de lo sucedido. Sólo se actúa cuando se propaga la noticia. La gestión de la reputación consiste en saber en cada momento lo que se dice de tu empresa y reaccionar con rapidez. Reconocer los hechos, disculparse y anunciar, a bombo y platillo, las acciones que se van a tomar para atajar lo sucedido y explicar las medidas tomadas que se han tomado para que no vuelva a ocurrir.

NUEVAS PROFESIONES EN EL ENTORNO 2.0

Las redes sociales se consolidan como una plataforma mundial de relación entre personas pero las compañías aún experimentan como utilizarlas. Algo más de la mitad de las empresas españolas tienen ya página web pero poco menos de un diez por ciento las rentabilizan. Por contra, los usuarios van por delante de las empresas y como media son seguidores de dos o más marcas en las redes sociales.

El futuro está por definir. Pero parece muy probable que la siguiente ola serán las redes sociales corporativas. Es más que probable que las grandes empresas traten de controlar como mínimo una red social interna. De ella está claro que obtendrían varias ventajas claras: control de la información y facilidad para comunicar, mejora de la productividad, trabajo en equipo, establecer colaboraciones y mejorar el sentimiento de pertenencia de los empleados y clientes.

Siguiendo esta línea se perfilan nuevas profesiones de gran futuro:

• **Programador**: Informático o *software engineer* capaz de programar y desarrollar aplicaciones a medida de las necesidades de la empresa. Mucho mejor si conoce los sistemas de código abierto y *cloud computing*.

- **Diseñador web 2.0**: Se encarga del aspecto y las posibilidades de la página web, de hacerla intuitiva, atractiva y agradable para optimizar la experiencia e interacción del usuario.

- *Community manager*: Actúa de nexo entre la empresa y su entorno online fomentando conversaciones, recogiendo opiniones de los usuarios y aportando soluciones. Su campo de acción son las redes sociales.

- **Responsables de SEO y SEM**: Su misión es que su producto o una empresa aparezca bien posicionada en los buscadores utilizando para ello las técnicas de marketing digital.

- **Desarrollador de tecnologías móviles**: Con la reciente llegada de los teléfonos inteligentes han adquirido especial relevancia. Crean y desarrollan continuamente nuevas aplicaciones para Internet móvil.

- **Director de marketing digital**: Diseña toda la estrategia de comunicación digital de la empresa utilizando todas sus variantes.

- **Desarrollador de animación 3D**: Produce todo tipo de contenidos en 3D tales como videojuegos, películas o simuladores.

- *Product manager*: Dirige a un grupo de programadores en la consecución de objetivos relacionado con el desarrollo de aplicaciones.

¿DÓNDE ESTAR SI ES QUE VOY A ESTAR?

Ante la gran cantidad de redes sociales que hay una pregunta habitual es preguntarse: **¿en qué redes sociales hay que estar?** Para responder a esta pregunta lo primero pasa por conocer todas y cada una de ellas. Con esta información podremos tomar decisiones. Sería algo semejante a hacer un plan estratégico.

Este plan tiene tres pasos:

- **¿Qué objetivos tenemos o queremos cubrir?.** Estar por estar no tiene mucho sentido. Tenemos que tener claro qué beneficios buscamos. Éstos pueden ser de lo más variados: relacionarse con otras personas, buscar trabajo, buscar colaboradores, compartir documentos, compartir vídeos, compartir fotos, compartir enlaces, compartir información o desarrollar una afición concreta. Cualquier cosa puede valer pero la debemos saber.

- **¿Qué plataformas dan mejor respuesta a nuestras necesidades?.** Está claro que si sabemos esto sabremos las redes en las que más nos interesará estar. Para ello ver las características de las diferentes redes sociales en el índice de artículos del blog.

- **Seleccionar las redes sociales, crear un perfil, familiarizarse con la plataforma y participar.** Para ello:

- No se precipite. Hay que tomarse el tiempo que se necesite antes de decidirse a crear un perfil.

- Aunque haya varias redes que se ajusten a las necesidades no hace falta que se esté en todas ellas. Se puede empezar por estar en una inicialmente. Luego seguir probando con el resto. En el momento que se encuentre con una que satisfaga con las necesidades se puede, incluso, dar de baja las que no interesen. No es imprescindible estar en todas las plataformas.

- Cuando se va a crear un perfil no es necesario completar la información en un primer momento. Se podrá añadir datos o cambiar los que se haya compartido cuando se desee. Hay que tener presente que todo lo que se indique pasará a ser de dominio público de forma casi instantánea. Es, por este motivo, que conviene tomarse tiempo para facilitar los datos personales que creamos oportunos.

- Una vez creado el perfil, hay que dedicarle un tiempo a navegar por las diferentes opciones disponibles del menú para ir descubriendo las posibilidades que nos ofrecen.

- No hay que tener miedo a participar. No hay que preocuparse si uno se equivoca. La práctica es la mejor manera para usar las redes y sacarles el mejor provecho.

PRINCIPALES DIFERENCIAS ENTRE UNA RED SOCIAL Y UNA WEB TRADICIONAL

• La red social es una plataforma de interacción entre los usuarios mientras que una web tradicional es un escaparate unidireccional que no permite que el usuario exponga sus opiniones.

• La red social tiene un sistema de autoregulación activo de tal forma que es el usuario el que decide los contenidos que son más interesantes para ser presentados de forma destacada.

• El marketing tradicional emite un mensaje a los grupos de comunicación objetivo y cuenta con la esperanza de que habrá un determinado porcentaje que responderá a la publicidad. Normalmente, estos mensajes interrumpen lo que el posible cliente está haciendo creando una cierta molestia. Por ejemplo, se le corta el visionado de una película para colocarle un bloque de anuncios bastante molesto. Los anuncios patrocinados de Google o los anuncios de temática muy relacionada con el contenido son una mejora impresionante. Es el usuario el que ha mostrado su interés en buscar algo concreto y se le facilita, junto con la información, anuncios que pueden solucionarle su búsqueda puesto que ha sido previamente seleccionado.

• En las redes sociales las empresas quieren resultar útiles para los usuarios. Se trata de ofrecer información, sugerencias, conversaciones, discusiones y propuestas para solucionar problemas concretos. Todo ello se hace con el objeto de ganarse el respeto de los demás usuarios y ser reconocidos como expertos en la materia.

• En las redes sociales la comunicación con los usuarios más efectiva es la informal. Las empresas deben bajar de su pedestal para ser uno más. La credibilidad, la accesibilidad y la humanidad de los representantes de las empresas es lo que más cuenta de cara a que los usuarios interactúen con ella.

• Por su especial forma de ser, una red social o un conjunto de blogs que expresan su libre opinión es difícilmente controlable por una empresa. El usuario que no está de acuerdo siempre encuentra un foro donde expresar su crítica abiertamente. Está en manos de la empresa aprender de sus errores, aceptar las críticas y responder con cuidado de hacerlo de forma positiva y constructiva.

CARACTERÍSTICAS GENERALES DE LA PROMOCIÓN EN LAS REDES SOCIALES

La promoción de una web o blog hoy día puede hacerse en tres ámbitos diferentes: usando técnicas de optimización para los buscadores (SEO), el pago por click (PPC) y usar las técnicas del marketing social media en redes sociales (SMM). Cada una de ellas tiene sus resultados en cuanto a lo que se refiere al tráfico diferente a los demás.

• **Técnicas SEO**: No tienen un arranque fuerte en cuanto a tráfico. Lo normal es que suba el tráfico con el tiempo a medida que hay más contenido. Se podría decir que su subida es lenta pero segura. Google puede tardar hasta varios meses en escanear y posicionar un determinado contenido. Lo habitual es que en el momento de publicar un contenido aparezca bien posicionado para bajar rápidamente a la tumba del olvido. En los casos de buenos contenidos reconocibles como tales la página puede volver a escalar posiciones y aparecer en lo más alto de las búsquedas al cabo de unos años. Mi experiencia me dice que publicando una vez a la semana se pueden conseguir crecimientos promedio de unas diez veces al año. Es decir, si un año se tienen 10 visitas diarias el siguiente año serán unas 100.

• **Pago por click (PPC):** A la que se empieza a pagar se empiezan a recibir visitas automáticamente. Se tienen más o menos visitas en función de lo que paguemos. El problema evidente es que a la que dejamos de pagar se acabaron las visitas. Ver artículo complementario: <u>Pagar por click puede</u> <u>representar ganar en cada click</u>.

● **Marketing en las redes sociales (SMM):**
- *En cuanto al tráfico*: Lo tengo más que comprobado. A la que se publica una noticia en una red social automáticamente se genera un chorro de visitas de nuestros seguidores y amigos. Pasado unas pocas horas se termina el tráfico. Si se dibujara este tráfico en un gráfico estaría lleno de puntas coincidentes con la publicación de noticias. Con un colectivo de seguidores fieles se puede llegar a conseguir hasta un 20% de visitas con respecto al total de los seguidores que se tengan.
- *En cuanto a la lealtad del visitante*: El SMM se caracteriza por atraer visitantes que leen, si es que leen, un único artículo que es el anunciado y lo normal es que no regresen a leer más. Se podría decir que visitan la página más por curiosidad que para leer. Es por este motivo que una chica en bikini suele tener más seguidores que un científico reputado.
- *En cuanto a las páginas vistas*: Raramente los visitantes van más allá de ir a curiosear la página anunciada y no ven más páginas.
- *En cuanto a la tasa de rebote*: Sin lugar a dudas la tasa de rebote es mayor si se usan técnicas SEO que en el marketing en redes sociales porque los buscadores suelen facilitar un mejor contexto como referencia al contenido buscado.
- *En cuanto a los enlaces generados*: En la mayoría de las redes sociales ya se ha comenzado a aplicar el "no follow" a los enlaces, no se permite el uso de *anchors text* y ya, en casi todas, se redireccionan los enlaces. Todo ello es con el único objetivo de no traspasar valor.

- *En cuanto al tiempo de permanencia en la web*: Más bien poco. Como promedio los visitantes de redes sociales son los que están menos tiempo en una web a no ser que en ese preciso momento les llamen por teléfono y se quede por casualidad el ordenador abierto justo con nuestra página.

• Puestos a leer todo lo dicho anteriormente a uno le entra enseguida una pregunta lógica a la cabeza: **¿para qué me sirve, pues, el marketing en las redes sociales?.**
- *La fortaleza del marketing social está en promocionar una marca*. En los casos de pequeñas webs se podría decir que se trata de la promoción de una micromarca. Es casi imposible que la micromarca sea conocida a nivel mundial de forma general pero sí es fácil que se pueda conseguir que sea muy conocida en un determinado sector, afición o colectivo de interés. Es lo que hace que acabemos siendo interesantes para promocionar y vender determinados productos relacionados directamente con la micromarca.
- *Captar la atención de los usuarios de forma positiva*. Es importante en este aspecto no ser intrusivos. Desarrollar las relaciones con los usuarios. Caso de conseguir este objetivo los resultados se traducen primero en visitas de mejor calidad y luego llegan las ventas.

PRINCIPALES ETAPAS PARA UNA CAMPAÑA DE MARKETING EN LAS REDES SOCIALES

• **Establecer objetivos reales.** Por ejemplo: incrementar el tráfico web, mejorar la visibilidad de nuestra marca, aumentar ganancias, obtener más enlaces, lanzar un nuevo producto, conocer la opinión de nuestros clientes, mejorar el posicionamiento, crear una comunidad, solucionar problemas con los clientes, etc.

• **Identificar nuestro mercado objetivo.** Se trata de definir el tipo de público que desearíamos que visite nuestra web.

• **Investigar en las redes sociales.** Se trata de saber en qué redes sociales está nuestro mercado objetivo y cuáles son las redes sociales más populares de nuestro sector.

• **Establecer una estrategia.** En este punto lo que se hace es definir el tipo de contenido que se va a promover y la forma en la que se va a hacer esa promoción. El contenido de la web hay que hacerlo un buen tiempo antes que la promoción. Lo normal es que sea medio año antes o más. En esta cuestión hay que tener en cuenta varios factores importantes: usar el principio que se da para luego recibir, hay que ser transparente en las intenciones, entender que no se controla al público y que de lo que se trata es de fomentar la participación, la retroalimentación y no andarse por las ramas como los políticos.

• **Decidir qué contenido se publica en la web y cuál en el blog**. El blog suele ser un lugar dinámico en el que se publica todo el contenido en forma de noticiario. La web pasa a ser algo más estático y permanente que viene a ser como una información fija. Por ejemplo, sería para la web una página con los precios mientras que le correspondería al blog publicar una oferta que va a durar un cierto tiempo. También es interesante tener en cuenta el contenido que se va a <u>distribuir como notas de prensa</u>.

• **Optimizar el blog para la promoción**. Instala una serie de plugins o extensiones en tu blog para que sea efectiva tu promoción en las redes sociales. Las más importantes son:

- Habilitar los botones de bookmarking (yo tengo el plugin de wordpress Shareaholic).
- Distribución y suscripción de las novedades con el RSS (wordpress lo instala por defecto).
- Promover las entradas relacionadas y las más vistas o populares (yo tengo los plugins de wordpress similar posts y popular posts).
- Posibilidad de hacer comentarios (wordpress lo instala por defecto).
- Tener un formulario de contacto (yo tengo el plugin de wordpress Contact Form 7).
- Realización de encuestas (plugin PollDaddy).

• **Promueve el contenido**. Elige los contactos interesantes en función del contenido, crea una relación de amistad con tus contactos, haz pequeños favores sin pedir nada a cambio y una vez pase el tiempo empieza a sugerir lo que te interese promocionar. Es el orden natural de las cosas y mirar de cambiarlo no suele conducir a nada.

- **Controla los resultados obtenidos**. El seguimiento de tus estadísticas más relevantes lo tienes en:

- Tráfico y posicionamiento: Google Analytics (se puede instalar en wordpress).

- Enlaces entrantes y salientes: Bing Webmaster.

- Ránking mundial: Alexa.

- Comentarios en los blogs: coComment.

- Suscriptores del RSS: Feedburner.

REGLAS DE ORO A TENER EN CUENTA PARA HACER UNA CAMPAÑA EN LAS REDES SOCIALES CON ÉXITO

Esta tarde hemos estado mirando con mi hijo adolescente diferentes posibilidades para que vaya a un curso de inglés a Gran Bretaña este verano. Me ha enseñado un catálogo increíblemente bien hecho de la empresa Education First. Pero al poner en Google la búsqueda de la empresa enseguida me aparece como segunda opción el poder buscar *"Education First opiniones"*. Me pica la curiosidad. Clicko y te quedas pasmao de la cantidad de malas opiniones y de gente que, incluso, ha hecho un blog para describir su descontento y malestar. Está claro que la empresa se gasta el dinero en publicidad pero no se gasta ni un euro en cuidar y mirar qué se dice en Internet de ellos. En mi caso han perdido un posible cliente. Estoy seguro que otros muchos más habrán desestimado su oferta al leer lo mismo que he leído yo. Está claro que lo primero es trabajar bien y con calidad. Y, lo segundo, es gastarse un euro en lo que se conoce técnicamente como la reputación digital que se tiene en Internet.

Las reglas de oro a tener en cuenta, pues, las resumiría en:

• **Investigar**. Hay que tener claro las comunidades en las que se está hablando de nosotros, en las que no se está hablando y en las que nos conviene que se hable.

• **Desarrollo del blog corporativo**. Es la herramienta perfecta para que hagamos la promoción oportuna en las redes sociales. El proceso pasa primero por publicar cosas en el blog. Luego hay que promocionarlas en las redes sociales.

• **RSS feed**. Es la forma más fácil para hacer llegar nuestra información de forma automática a todos los interesados que se suscriban a nuestro canal de noticias.

• **Participar**. Si solo proponemos contenidos sin participar raramente vamos a ser creíbles por nadie.

• **Contestar**. Si se habla de nosotros hay que estar en la conversación. A las duras y a las maduras. En las peores situaciones dar la cara está bien visto aunque parezca mentira.

• **Compartir**. El respeto se lo suelen llevar los que comparten lo que es valioso y lo hacen con imparcialidad. Al que solo alaba y no critica nada acaba sin credibilidad.

• **Hacer amigos con criterio**. Lo hablaba hace poco con una sobrina. En el Facebook los amigos para las fiestas y en el Linkedin los amigos de trabajo. No hay que mezclar. Caso de hacerlo puede ser una bomba de relojería que puede acabar perjudicándonos.

• **Evitar penalizaciones**. Una red social es tan potente que ir a la contra de sus normas no sirve de nada. Acaban penalizando y cancelando el perfil sin muchas explicaciones. Hay redes sociales para todo. Hay que estar en las redes que se ajusten a nuestro criterio y formas de hacer.

• **Distribuir nuestros contenidos**. No hay que limitarse a publicar algo en la web o blog y esperar a que lleguen las visitas. Y no hay que hacerlo porque nos podemos morir esperando a que lleguen las visitas que nunca llegaran. Hay que ir a donde está la gente que nos interesa.

EL MARKETING VIRAL ES SENSACIONAL

Para el que tiene cuentas en varias redes sociales llevar un seguimiento activo de todo puede acabar siendo realmente mareante. O, lo que es peor, te acaba consumiendo tanto tiempo que no es plan. Uno tiene que acabar decidiendo un poco. Hay que sospesar entre el trabajo realizado y el rendimiento obtenido. La mejor solución, a mi modo de ver, es lo que se viene a conocer como integración. Esto consiste en que varias redes permiten la sincronización con otras plataformas y esto facilita bastante la tarea. Por ejemplo, Facebook, Myspace, Linkedin y Xing pueden sincronizarse con Twitter. Esto hace que cuando se publica en Twitter alguna cosa automáticamente aparece publicado en otras redes sociales. Esto es posible gracias al RSS (Real Simple Syndication). Es una tecnología que permite la distribución de contenidos a través de la red de Internet. Para llevar a cabo la integración basta con indicarlo en la plataforma correspondiente. Si una vez las hemos sincronizado cambiamos de opinión basta con indicarlo a la plataforma correspondiente dándola de baja. Integrar varias plataformas puede ser muy positivo para ahorrarnos tiempo. Pero también puede tener consecuencias no deseadas. Antes de sincronizar nos debemos plantear si la temática y los amigos de cada plataforma son coincidentes. Caso que no sea así, igual es conveniente tener varias cuentas una para cada temática.

En mi caso particular, cada vez que publico un post en el blog se actualiza el RSS de WordPress y el de FeedBurner,

33

sale un tweet a Twitter y unos emails a los suscriptores. Veámoslo todo un poco más detallado para el que tenga interés.

• **RSS**: WordPress genera automáticamente un archivo con el formato universal RSS que se puede distribuir, gracias al servicio de Ping-o-Matic!, a una veintena de servicios más. Google también permite generar otro RSS mediante FeedBurner con el aliciente de poder añadir en él anuncios de AdSense si lo deseamos. En la opción de los ajustes de escritura del escritorio de WordPress, permite que se añadan más servicios que admitan recibir *ping* y publicar nuestras actualizaciones, por ejemplo, Bitácoras las acepta.

• **Twitter**: A partir de esta red, como ya lo he apuntado antes, se puede distribuir la noticia de un nuevo post automáticamente a las diferentes redes sociales (Facebook, Linkedin, Myspace, Xing, etc). Yo uso el plugin WP to Twitter. Es complicado de configurar para que funcione todo bien pero vale la pena el esfuerzo. Una vez instalado el plugin tendremos la posibilidad de generar un tweet de forma automática que se distribuirá por todas las redes sociales que sincronicemos con la cuenta de Twitter.

• **Suscriptores**: Uso el plugin Subscribe2. Aparte de mandar un email a todos los suscriptores que me lo han pedido, también me mando un email al blog paralelo que tengo en Blogger. Lo tengo configurado previamente para ello para que los acepte. De esta forma, consigo que se publique el mismo post simultáneamente en dos lugares a la vez: un post completo en WordPress y un extracto en Blogger con link al completo. Ver el blog de Blogger.

Es fácil comprender que este esquema si se complica y se tienen muchos seguidores, amigos, suscriptores y lo que sea, activos e interesados por lo que escribimos en las diferentes redes sociales, cada vez que editamos algo se generan una cantidad de visitas de calidad bastante importante. Esta forma de propagar contenidos se la denomina *marketing viral*. Un nombre bastante adecuado porque se distribuye igual de rápido que un contagio producido por un virus.

LA SINCRONIZACIÓN RESUELVE UN BUEN PROBLEMÓN

Una buena forma alternativa de mantener al día los perfiles que tengamos en las diferentes redes sociales es a través de alguna herramienta que desde un mismo lugar nos permita disponer todos los perfiles unificados en uno. Dos ejemplos de ello son: TweetDeck y Hootsuite. Ambos fueron pensados inicialmente para Twitter pero con el tiempo han ido integrando otras redes tales como Facebook, Linkedin o Myspace. La principal diferencia entre las dos aplicaciones es que TweetDeck requiere descargarse la aplicación al escritorio y Hootsuite lo resuelve todo en línea. Las dos son gratuitas. Muy interesantes para la gestión de múltiples cuentas y redes sociales que sería el caso de las empresas y profesionales que se dedican a ello.

• **TweetDeck**: Es como un navegador personal que trabaja en tiempo real. Ahora permite conectar con todos los contactos que tengamos en Twitter, Facebook, Myspace, Linkedin, Foursquare, Google Buzz y otras muchas redes sociales. Precisa que descarguemos la aplicación en el escritorio de nuestro dispositivo. Lo podremos instalar tanto en el PC, Mac, Linux, iPhone, iPod Touch como en un iPad. Luego podremos usarlo sin necesidad de acceder a la web. Con esta herramienta tanto podremos consultar todo lo que se publica en las redes como publicar directamente en donde queramos sin necesidad de ir una por una. En cuanto a las búsquedas que podremos realizar quizás lo más interesante es que se puede hacer un seguimiento exhaustivo de lo que se cita de nuestra marca o de la competencia. Otro aspecto importante a tener en cuenta es que permite programar automáticamente la publicación de tweets para que se hagan en un momento concreto. Web: TweetDeck.

• **Hootsuite**: Está francamente bien. Es la que uso. Tienen dos tipos de cuenta una gratuita y otra PRO pensada, esta última, para profesionales y empresas de social media. La cuenta gratuita permite:
- Integrar los perfiles de Twitter, Facebook, Linkedin, Ping.fm, WordPress, MySpace, Foursquare y Mixi.
- Añadir los RSS/Atom que deseemos que se publiquen en las diferentes redes sociales.
- Programar un mensaje en un momento concreto.
- Hacer informes Analytics de las estadísticas de las redes sociales.
Lo más cómodo es que en el momento de tenerlo todo configurado puedes dar un vistazo en poco tiempo a todo sin tener que ir andando clickeando de web en web, identificándote y buscando la información. Es una manera francamente cómoda de tenerlo todo a un único click. Permite hacer búsquedas avanzadas por lo que es una buena forma de seguir temas que nos interesen, saber que se dice de nosotros o de un producto determinado. Se puede usar como herramienta de investigación. Web: Hootsuite.

GESTIONA TU REPUTACIÓN DIGITAL DE FORMA ORIGINAL

La clave para tener una adecuada reputación digital está en ser una persona activa a base de escuchar y conversar:

• **Escuchar**: Significa seguir lo que se comenta sobre un tema en concreto. En un plan de gestión significa estar al tanto de lo que se dice sobre nosotros, nuestra empresa, nuestro hobby o un producto determinado. Para ello, lo normal es hacer búsquedas periódicas de las palabras clave que nos interesan. Existen en Internet una serie de herramientas que nos permitirán buscar por un gran número de redes sociales de forma rápida. Los más interesantes son: Addict-o-Matic, Icerocket y Keotag. Los gratuitos tienen el problema de no hacer búsquedas en redes como la de Facebook, Linkedin o Xing. Hay que realizarlas aparte. Hay herramientas más completas que rastrean todas las redes sociales a la vez pero son de pago. Seguir las conversaciones que hay sobre un tema que nos interese es interesante para saber qué se dice de nosotros y para participar en ellas si lo consideramos oportuno.

• **Conversar**:
- *Si se habla positivamente*: Si se hace algún tipo de mención referente a la utilidad de la información que acabamos de compartir lo interesante es responder y agradecer el comentario.

- *Si se habla negativamente*: Suele ser más útil descubrir una mención negativa porque podemos participar para dar nuestro punto de vista y corregir los errores cometidos.

Todo ello nos ayudará a mantener activo nuestro perfil y construir nuestra reputación digital.

• **Cibermaneras**: Responder a las preguntas de ¿cómo debo comportarme en una red social? o ¿qué es lo que nunca debería hacer? pasa por aplicar el sentido común. Internet no es más que el reflejo del mundo offline y, por lo tanto, el criterio general debería ser no hacer lo que no se haría en la calle. También hay que tener en cuenta que no existen reglas escritas sobre lo que está bien y lo que está mal. Suele ser la misma comunidad la que acaba regulándose por sí misma.

Situaciones típicas que nos podemos plantear:

- ¿He de aceptar una petición de amistad de alguien a quien no conozco?. Depende. Lo que hay que tener en cuenta es que las reglas las pone uno mismo. No hay ninguna obligación. Si es alguien amigo de otro amigo, cree que la persona puede aportar algo interesante, tiene un interés profesional o simplemente le cae bien por la foto tampoco hay problema por que sea aceptado.
- ¿Qué información debo compartir públicamente en mi perfil?. La mejor regla es la que uno esté dispuesto a comunicar a una persona desconocida que se encuentre por la calle.

- ¿Acepto formar parte de un grupo al que me invitan?. Las reglas las pone uno. Si aparenta ser interesante acepte. Si no le apetece no pasa nada.
- "Todos mis conocidos me dicen que he de animarme a formar parte de una red social pero no me apetece". Pues .... pasando !!!!

Finalmente, hay que tener en cuenta que si por cualquier cosa vemos que no nos interesa lo que hemos aceptado no hay nada tan fácil como darse de baja de lo que no vemos interesante y punto final.

Algunos consejos prácticos:

- La mejor manera de aprender a comportarse y a usar una red social es participando en ella.
- Respetar a los miembros de la comunidad.
- No hacer nada que no le gustaría que los demás le hicieran.
- Ser coherente. No mentir.

¿POR QUÉ ES INTERESANTE ESTAR EN LAS REDES SOCIALES?

Para responder a la pregunta veamos los beneficios que podemos tener como consecuencia de ser miembros activos en una o varias redes sociales. Si alguno de ellos nos conviene lo mejor será no dudar para usarlas. En cambio, si no nos interesan lo mejor es no complicarse la vida. En este sentido, hay que pensar que las redes sociales tienen un problema importante: están pensadas para que sus propietarios sean los beneficiados de nuestra actividad. Es por este motivo, que es importante que tengamos muy claro nuestros beneficios.

Veamos algunos de ellos:

• **Aumenta nuestra visibilidad**. Un perfil en Internet implica ser más visto algo de nosotros o lo que queramos que se vea, por ejemplo, un producto, una empresa, una web, un blog o lo que sea. Las páginas de los perfiles suelen estar muy bien posicionadas en los buscadores. Por lo tanto, los enlaces que tengamos en nuestros perfiles se verán altamente beneficiados y en especial, los enlaces fijos. Hoy por hoy, si alguien nos busca en Internet de las primeras cosas que aparecerán listadas son los perfiles de las redes sociales. No aparecer en los buscadores es lo mismo que no existir. Pienso que si nuestra decisión es que queremos aparecer lo interesante es que lo que salga primero sea algo que nosotros mismos hemos diseñado, creado y configurado a nuestro gusto y conveniencia. De esta forma, los contenidos que hemos creado nosotros tendrán destacado lo que más nos convenga.

• **Facilita el networking**. Estar en una plataforma que reúne a miles o millones de personas hace que sea más fácil ponerse en contacto con otras personas. Si queremos contactar con alguien tenemos dos opciones tradicionales: llamar a información telefónica o buscarlo por Internet a ver si hay suerte y damos con su email o teléfono. Las redes sociales nos aportan otras dos posibilidades más extras: directamente pidiéndole ser amigos o a través de una amistad común que permita dar con la persona que buscamos. Para saber de la eficacia de una forma u otra hay que preguntarse: ¿recibiría de la misma forma y atención el contacto de un desconocido o el de un desconocido que es amigo de uno de nuestros amigos?

• **Es un buen apoyo para encontrar trabajo**. Las redes no proporcionan trabajos pero nos pueden facilitar la búsqueda. Las redes profesionales cuentan con secciones especiales de ofertas y demandas de empleo. Hay que pensar que la mayoría de empresas no publican sus ofertas de trabajo porque lo hacen a través de sus redes de contactos. Muchas consultoras usan cada vez más las redes sociales para buscar candidatos de sus procesos de selección. Mucho me parece que tener un perfil y poder consultar datos adicionales puede inclinar mucho la balanza a la hora de decidirse por alguien.

• **Facilita la comunicación y la interacción**. Son nuevos canales de comunicación que nos permiten estar en contacto con amigos y conocidos que están lejos geográficamente o recuperar el contacto con personas que habíamos perdido.

Facilita la interacción gracias a la mensajería instantánea, la webcam, el correo electrónico, formar grupos o crear eventos.

• **Pasar a formar parte de una comunidad o grupo de presión.** Es el lugar ideal para compartir conocimientos con personas que tienen nuestras mismas aficiones o intereses. Últimamente, ha quedado manifiesto que son muy útiles de cara a crear un grupo de presión y forzar a ser escuchados por quien corresponda.

• **Una buena forma para estar al día.** Las noticias de cualquier cosa que nos interese pueden estar a nuestro alcance en tiempo real. Es mucho más rápido que los medios tradicionales: periódicos, revistas, televisión o radio. En el caso de Twitter, por ejemplo, es bueno que tengamos como seguidores mas bien pocos pero que nos aporten realmente una información que para nosotros sea de valor y nos ayude a conocer y saber más.

• **Es una forma de entretenimiento.** El ocio amplía considerablemente su oferta tradicional. Con las redes sociales se puede pasar el rato, leer lo que otros publican, participar en grupos o facilitando información a nuestros amigos y seguidores.

• **Nos permite actualizar conocimientos.** Son una buena forma de aprender y ponerse al día en bastantes temas. *"Nadie lo sabe todo, pero todos sabemos algo, y de la suma del conocimiento individual surge el conocimiento colectivo y compartido, que es mucho más rico"*, **Pierre LÉVY.**

• **Es una oportunidad para las empresas**. Permiten estar en contacto directo con los clientes, conocer sus gustos y sus opiniones sobre los productos y servicios. Son una buena manera de tener tomado el pulso al mercado y conocer sus tendencias y poder anticiparse a ellas.

LA EMPRESA QUE NO ES SOCIAL NO SABE COMO PONERSE EN UNA RED SOCIAL

Cuando uno se pregunta si vale la pena hacer marketing en las redes sociales enseguida puede darse cuenta que hay empresas que lo utilizan con mucho éxito y otras que no lo utilizan nada. Un sector que no sabe cómo usar el gran potencial de las redes sociales, por ejemplo, es el de la banca. ¿Y por qué no están?. Pues, porque no se atreven a dar la cara ante el usuario de a pie que saben, perfectamente, que los van a poner de vuelta y media. Y eso es porque tienen negocios que no son muy bien vistos por la sociedad y que, precisamente, lo social brilla por su ausencia.

Una empresa o un negocio que quiera sacar un buen provecho del gran potencial publicitario que tienen las redes sociales lo primero que debe plantearse es ser una empresa social. Si no se es una empresa que realmente trate como es debido a la sociedad, o a los clientes, y ofrezca productos que sean de un buen valor añadido mejor olvidarse de esto hasta una nueva ocasión. O se corre el grave peligro de encontrarse como un pez en un garaje. Pretender ser lo que no se es lo mejor es no planteárselo. Pero claro, el mundo se encamina muy deprisa hacia lo social. Si las empresas no sociales no cambian de verdad corren el peligro de verse abocadas a una muerte lenta y agonizante.

Veamos las principales características de los actuales consumidores y clientes que usan las redes sociales:

• El 34% publica opiniones sobre productos y marcas en su blog o en su perfil de su red social preferida.
• El 36% tiene mejor imagen de las empresas que tienen blog.
• El 32% hace mucho caso de las opiniones críticas de los bloggers que comentan productos y servicios.
• Los consumidores del mañana son todos hoy niños digitales.
• Nuestro posible cliente se pasa un promedio de 16 horas a la semana conectado en Internet.
• El 96% de la gente se ha unido a una red social y tiene de promedio unos 53 amigos en su perfil.
• El que está en una red social atiende y presta atención a la opinión de sus amigos y suele pesar mucho en sus hábitos de compra.
• El poder adquisitivo de las personas que están conectadas aumenta día a día.

Resumiendo: Esto es lo que hay …. o lo tomas o lo dejas …. y si lo dejas pasar asume las consecuencias claro …..

¿CÓMO TRIUNFAR EN LAS REDES SOCIALES?

Fórmulas mágicas no existen. Pero hay algunas ideas que suelen ser constantes y muy aceptadas como lo que es mejor al respecto.

• **Compartir contenido de valor**. Es la mejor estrategia para darse a conocer. Lo interesante es publicar información relevante sobre los temas que nos interesa posicionarnos. El objetivo es convertirse en un referente.

• **Citar siempre las fuentes**. No hay que apropiarse del contenido de los demás. Es muy fácil hacerlo. Pero poco ético. Lo mejor es incluir un enlace directo a la fuente de la que nos hemos basado para dar la información. Es sencillo de hacer. Y, lo más interesante, crearemos sinergias.

• **No enviar mensajes masivos**. Son considerados *spam*. Muchas personas intentarán dejar de tenerte como contacto para evitar los mensajitos. El mundo 2.0 va por otra dirección. Mas que mensajes masivos hay que procurar mantener conversaciones de igual a igual.

• **No mentir**. De la misma forma que el mundo normal no hay que mentir en el mundo virtual. Ser descubierto puede acarrear un desprestigio que se difundirá tan rápidamente que no nos lo podemos llegar ni a creer. Si de lo que se trata es de una equivocación o un error nuestro lo mejor es reconocerlo, rectificar y pedir perdón.

• **Ser agradecido**. Si alguien nos cita es bueno dar las gracias. Ayuda a reforzar nuestra red de contactos.

CON LA IGLESIA HEMOS TOPADO !!!!
¿ESTÁS SEGURO?

Pablo Herreros era una persona anónima hasta que hace unas semanas se convirtió en un auténtico héroe del activismo ciudadano. Este joven ha servido de catalizador de un movimiento imparable que va a revolucionar la relación entre las empresas y los consumidores. Pablo ha provocado que decenas de anunciantes boicoteen los programas basura de la televisión. Ya era hora .....

Sus acciones son un claro ejemplo del poder que las redes sociales otorgan a los consumidores. Esto ha permitido que un atrevido bloguero haya sido capaz de movilizar a miles de personas contra grandes imperios empresariales. Pablo Herreros inició su particular cruzada contra los programas basura de la televisión. Se indignó con la entrevista que el programa La Noria, de Telecinco, emitió con la madre de "El Cuco", condenado por encubrimiento en el caso de Marta del Castillo. Es vergonzoso que el familiar de un criminal aparezca en televisión y encima cobre 10.000 euros por ello.

Pablo Herreros colgó en su blog el nombre de las marcas que se anunciaron en La Noria y redactó una carta en la plataforma Actuable para que la gente se adhiriera. Su objetivo era pedir a los anunciantes que dejen de apoyar contenidos televisivos que rozan la ilegalidad y la inmoralidad más básica. La iniciativa se propagó como la pólvora en Twitter y a los pocos días más de 9.000 personas ya habían firmado la carta.

Los anunciantes también reaccionaron rápidamente. Marcas como Campofrío, Puleva, Bayer, Nestlé, President, Hero, Panrico, Donuts y Queso Milner decidieron retirar su publicidad de La Noria. Todos ellos han dicho que desconocen los contenidos de los programas que coinciden con su publicidad. Una simpática excusa. Pero que una vez los han conocido han decidido cortar por lo sano porque la emisión de ese tipo de programas va en contra de los principios corporativos de cualquier compañía mínimamente seria. Algunas empresas ya se han dirigido a sus centrales de compra de medios para pedir no anunciarse en determinados programas porque podrían dañar su reputación corporativa.

El caso de Pablo Herreros debe hacer reflexionar a las empresas de que no todo vale a la hora de hacer negocios. Enfrente ya no tienen a consumidores solitarios e indefensos. El activismo ciudadano va a ir a más y va a afectar a todos los ámbitos de la actividad. Cuentan con las redes sociales para hacer oír su voz. Con su acción se ha demostrado que la gente puede influir en las grandes corporaciones. Y esto es sólo el comienzo, porque campañas de presión similares pueden forzar a los poderes públicos a tomar más en consideración la opinión de los ciudadanos. Las revueltas árabes y el movimiento 15-M son buenos ejemplos de ello.

¿PARA QUÉ ME SIRVE TENER UNA CUENTA EN FACEBOOK?

TIPOS DE CUENTAS POSIBLES EN FACEBOOK:

• **Perfil personal para individuos.** El primer paso para participar en Facebook es crearse un perfil de usuario que, como su nombre indica, es un tipo de perfil que sólo se puede usar a nivel individual. Ver como ejemplo mi perfil personal en Facebook.

• **Páginas de fans para empresas.** Una empresa o un grupo de música no podrán tener un perfil sino que deberán crearse una página de fans (*fan page*). La diferencia entre estos dos tipos de cuentas es que cada nuevo contacto de un perfil personal es un *amigo* mientras que en las páginas de fans son *admiradores*. En una fan page cualquiera puede hacerse admirador sin que la empresa dé el visto bueno mientras que en los perfiles personales el usuario ha de aprobar la solicitud de amistad que recibe para que se pueda ser un contacto directo. Ver como ejemplo la fan page de mi empresa.

• **Community Pages.** Están pensadas para páginas de comunidad no oficiales de apoyo a marcas, clubs deportivos, grupos musicales, etc. Todavía no están muy claras las condiciones de uso y sus aplicaciones.

• **Grupos.** Otra forma de participar en Facebook es uniéndote a un grupo que haya creado otro usuario o crear uno propio. Normalmente, los grupos suelen centrarse en un tema que están gestionados por un administrador o varios. Los grupos pueden ser abiertos a todos los usuarios que quieran adherirse o cerrados. Son para debatir y compartir información en torno a un tema de interés común.

FUNCIONES DEL FACEBOOK:

• Una de las más conocidas es el **muro**. Es el espacio personal donde cada usuario publica sus actualizaciones de estado en respuesta a la pregunta *"¿Qué estás pensando?"* que nos plantea la plataforma junto con la información que se desea compartir con el resto de los contactos. Lo interesante es que al comentario se le puede adjuntar una foto, un vídeo, un enlace, etc de forma complementaria. Los miembros de nuestra red pueden comentar nuestro mensaje o indicar que les gusta el contenido que hemos compartido. Lo que se escribe en el muro lo pueden ver los miembros de nuestra red en su página de últimas noticias.

• En Facebook es también muy sencillo **publicar fotos** y etiquetar las personas que aparecen en ellas. Cuando se procede a etiquetar a algún usuario la persona implicada recibe un email para que esté al caso y pueda decidir si le conviene mantener la etiqueta o borrarla.

• Aparte de la dos mencionadas hay otras muchas **más**: chat para conversar, webcam, posibilidad de crear eventos y poder invitar a los amigos, compartir enlaces y vídeos, etc. Tiene su interés que sea posible aceptar aplicaciones desarrolladas por entidades externas. Esto provoca que exista un sinfin casi inimaginable de opciones diferentes posibles.

• También lo usan mucho los que **escriben en un** blog para que se publique en el Facebook automáticamente las novedades y nuevas entradas. Para ello, únicamente es necesario entrar el

RSS que deseemos en las notas. Es posible hacerlo tanto en el perfil personal como en las *fan pages*.

CONFIGURACIÓN DE LA PRIVACIDAD:

Es uno de los aspectos más criticados de la red. En realidad el usuario puede decidir quién puede acceder al perfil y quien no pero la verdad es que casi nadie se preocupa por estos aspectos y no gestionan su privacidad. Se suelen dejar las opciones que vienen por defecto.

USOS POSIBLES DEL FACEBOOK:

La mayoría usa la red con fines personales. Es una buena forma para estar en contacto con los amigos y familiares. Está bien para reencontrarse con viejos compañeros de escuela, universidad o de trabajo. Incluso sirve para saber algo de antiguas ex !!!! No obstante, hay un esfuerzo para que se pueda estar presente con objetivos profesionales y comerciales. De hecho, cada vez son más las empresas que lo hacen para aprovecharse del gran número de usuarios registrados y poder contactar con ellos con la idea de promocionar sus productos.

Algunos errores de las empresas suelen ser:
• Ver la plataforma con el único objeto de promocionar los productos y no usarla como un lugar de encuentro donde poder conversar de tú a tú con los clientes e interactuar con ellos.
• Pensar que la empresa habla pero no escucha.

• Facebook no es el lugar donde publicar anuncios, hablar de nuestras maravillas, decir que somos los mejores y llenarlo de contenido publicitario que no aporte valor de ninguna clase. Para eso ya está la web corporativa. La clave es pensar en el cliente y ponerse en su lugar para escucharlo. Preguntar lo que quiere y ver si es posible ofrecérselo. Si aburrimos a nuestros fans lo único que conseguiremos es perder seguidores y dañar nuestra reputación.

• Hay que intentar incentivar la participación con propuestas que puedan ser valoradas. En el momento que consigamos que los fans compartan con sus amigos nuestras ideas se propagarán rápidamente dando viralidad a nuestra página y aumentar con ello su visibilidad.

¿SABÍAS EN CUANTO SE VALORA TU PERFIL DE FACEBOOK?

Parece que a más de uno le convendría saber un poco más de historia. Y es que no hace ni diez años que hubo una burbuja conocida como de las punto com. Subieron y subieron los valores de las acciones de empresas que únicamente tenían cuatro páginas mal contadas en Internet. Y luego .... pues bajaron y bajaron ..... hasta darse un buen porrazo. Ahora acabo de leer que Facebook va a salir a bolsa. Tiene lo que tiene: un nombre en Internet más o menos bonito y un buen puñado de peña que tiene su perfil. Muchos se pasan ratos y más ratos conectados eso sí. Pero para chatear y poca cosa más. Pero hay que tener en cuenta que hoy pueden estar con ellos y mañana marcharse a otras redes sociales. Es lo mismo que pasa con los bares de moda.

La empresa la valoran por unos 100.000 millones de dólares USA. Esto equivale a unos 74.270 millones de euros. Casi na. Más o menos lo que llevo en el bolsillo pa los gastos de calle y tal y tal. Si tenemos en cuenta que hay unos 800 millones de personas del mundo mundial que tienen perfil en Facebook las cuentas salen rápido. Cada perfil tiene un valor de unos 125 dólares USA, o lo que es lo mismo, unos 93 euros por cada perfil.

Y digo yo. Llevo como dos años con perfil en Facebook y no he clickado ni una puñetera vez en los dos años en ningún anuncio. Esto es lo mismo que decir que conmigo no han ganado ni un mísero céntimo de euro. Así que me imagino que habrá algún personaje en el mundo mundial que se habrá hartado a clickar para él y lo que me correspondería a mí. No me salen las cuentas. En fin, que como inversor esperaré a que salga al precio que les de la gana y esperaré a que bajen de precio porque es lo que me presumo que tarde o temprano va a pasar. Y eso lo digo no tanto como conocedor de grandes finanzas sino que uso mi experiencia personal y el sentido común.

A esto me viene a la cabeza pensar un poco más sobre el tema. Las redes sociales están demasiado pensadas en conseguir beneficios para sus dueños y pocos beneficios, o casi ninguno, para los usuarios. Yo uso Facebook es cierto. Pero no lo uso como ellos quieren. Es decir, darle al botón de me gusta y compartir chorraditas variadas. Y no lo hago porque, en realidad, lo que haría es crearles enlaces internos y externos que sólo les benefician a ellos. Sí que uso Facebook para colocar mis enlaces. Cada vez que publico algún artículo pongo el enlace en Facebook y en otras muchas redes sociales. Y eso, sí es un beneficio para mí. Enlaces que tengo a cambio de no clickar en sus anuncios. Un negocio que se valora en 93 euros !!!! No lo comprendo porque en mis estadísticas de AdSense me ponen que gano de promedio sólo 20 céntimos de euro por cada mil visitas ….. Y para una persona que tiene un perfil entrar mil veces en Facebook igual es necesario algo más de dos o tres años …..

EN MYSPACE LOS AMIGOS DE MIS AMIGOS TAMBIÉN SON MIS AMIGOS

Myspace se presenta como un *lugar para amigos* pero en el camino se ha visto desbancado por Facebook. Pienso que ha sabido reinventarse y se ha ido decantando a ser una red social donde los músicos y cantantes se dan a conocer y promocionan su música. Ya en su fundación la idea era promover la música independiente y el éxito les ha sonreído manteniéndose fieles a sus inicios.

Aseguran haber llegado a más de 200 millones de usuarios, que representa un 4% de la población mundial, pero lo cierto es que, poco a poco, ha ido perdiendo popularidad mientras otros la han ganado.

Una de las características de Myspace es que permite personalizar el perfil de forma muy sencilla. Se pueden cambiar los fondos, los colores, etc …. Se puede añadir música y vídeos. También permite editar entradas al blog asociado al perfil. Muchas de estas características no son posibles en las otras redes sociales.

Otro aspecto importante es que permite tener una URL única y personal. Esto, en la práctica, ha permitido que muchos lo utilicen como sitio web personal o incluso profesional.

La política de amistad es parecida al Facebook en lo que se refiere a que hay que aceptar al contacto. Quizás la diferencia es que mientras en el Facebook conviene pedir ser amigo a personas que realmente conoces para no ser tratado como spamer, mientras que en Myspace se puede utilizar la función de pedir ser amigos con el objeto de conocer gente nueva. Tiene un buen buscador de amigos nuevos que discrimina bastante bien en función de varias variables que se pueden configurar tales como: la franja de edad, el sexo o la ubicación geográfica.

Todo ello hace que sea una buena red social generalista que se ha convertido en un escaparate ideal para los grupos musicales que pueden promocionar sus trabajos de forma gratuita tanto para el cantante como para el usuario o fan del grupo.

Ver como ejemplo mi perfil personal en Myspace.

HAY UNA RED SOCIAL PARA CADA BERENJENAL

Listar todas las redes sociales puede ser ya casi imposible. Y, en realidad, ya casi hay una red social para casi cada tema o afición. Así que casi lo mejor que se puede hacer, si gusta un tema determinado en concreto, es buscarlo en un buscador tipo Google, Yahoo o Bing y poner el nombre de la afición o hobby + "red social".

Por citar algunos ejemplos más conocidos o curiosos tendríamos a:

- Amigos y familiares: Facebook.
- Música: Myspace, Spotify y Last FM.
- Juvenil: Tuenti.
- Montaña: Cuspidis.
- Viajes: Minube.
- Motociclismo: Moterus.
- Libros: Lecturalia, Good Reads y Librofilia.
- Comunicación y marketing: Byte PR y Muy Pr.
- Creatividad: Inusual.
- Videojuegos: Wipley y Nosplay.
- Perros: Dogster.
- Cine: Cine 25 y MovieHaku.
- Cocina: Todo chef y Cheeef.
- Vinos: Descorchados, Yvinos y Verema.
- Deportes: Move Addict.
- Ocio y cultura: My Sofa.

Y si con las que hay no tienes suficiente o tienes ideas revolucionarias al respecto siempre te cabe la opción de organizar tu red social propia. El único obstáculo a solventar es tener la masa crítica de gente suficiente para dar ambiente y empezar. Los recursos disponibles en el mercado son abundantes y gratuitos, por ejemplo: Gnoss, Spruz, Social Go y Gro.up.

Las principales redes sociales generalistas a día de hoy podrían ser: Facebook, Myspace, Yahoo Respuestas, Hi5, Menéame, Metroflog, Badoo, Orkut y Google+.

Y algunas de las redes sociales más curiosas que te puedas imaginar podrían ser: una red social exclusiva para millonarios: ASmallWorld, por si extrañas a tus seres queridos fallecidos: Respectance, si te gustan los bigotudos: Stache Passions, si te gusta compartir tus sueños: Rem Cloud, si quieres compartir tu ADN visual: Youniverse, si quieres un pase VIP para entrar en el cielo: Line for Heaven, si sólo te quieres tratar con la peña inteligente: Intellect Conect, si eres un fan del karaoke: Red Karaoke, si te interesa sólo la gente de la tercera edad: Eons, si eres una freaky vampiresa: Vampire Freaks, si estás pirao de remate: Lost Zombies y si quieres hacer una donación a una chica para que pueda hacerse un implante de pechos: My free implants.

Ver como ejemplo mi perfil personal en la red social de montaña Cuspidis. El perfil que tengo en aSmallWorld y en Intellect Conect no los publicito ..... y las Freakys Vampiresas are allowed !!!!!

LO PROFESIONAL NO ES LO MISMO QUE HACER EL CARCAMAL

Si uno tiene claro que no es lo mismo publicar en un perfil las fotos de la última fiesta o borrachera que las fotos de la última conferencia que hemos dado entiende bien que puede haber dos tipos de redes sociales claramente diferentes: las generalistas y las profesionales.

Poco a poco, las redes profesionales se han hecho interesantes para dos cosas principalmente:

• **El networking.** De todos es sabido que tener buenos contactos (o *networking*) es una garantía de que aumentemos las probabilidades de ganar dinero y de hacer negocios futuros. Entonces, ¿cómo decidir en qué red profesional hay que estar? No hay una respuesta clara para esta pregunta. Tanto se puede estar en tres como en una siempre y cuando sea de forma activa, es decir, actualizando regularmente y publicando contenido. También existe la opción de estar de forma pasiva o reactiva que sería contestando y respondiendo a las peticiones recibidas.

Para conseguir nuestro objetivo, que debe ser el relacionarnos con buenos contactos profesionales, lo primero que hay que hacer es contactar con gente potencialmente interesante desde el punto de vista laboral, profesional o del mundo de los negocios. Hay que investigar en cuál plataforma tenemos más personas conocidas de inicio. Para ello, es bueno usar la funcionalidad buscar contactos que nos suelen ofrecer en todas las redes existentes. Una vez comprobado esto, podríamos empezar por la plataforma donde tengamos más conocidos y luego, en una segunda fase, decidir si nos interesa estar en las otras o no. Una buena idea es echar un vistazo a las personas que la plataforma nos indica como sugerencias: "gente que tal vez conozcas" o "gente que podrías conocer". Lo hacen de forma automática y van afinando más a medida que vamos completando nuestro perfil. También es útil consultar quiénes son contactos de nuestros contactos o buscar directamente la persona con la que queremos contactar y ver de qué manera estamos conectados con ella. Es una buena ocasión para comprobar la teoría que dice que existen sólo seis grados de separación entre nosotros y cualquier otra persona del planeta. En realidad, hay que reconocer que uno siempre tiende a prestar más atención al amigo de un amigo que a un desconocido.

• **Buscar trabajo**. Las funcionalidades que existen en este tipo de redes son muy interesantes a la hora de encontrar trabajo ya que nos permiten:

- Consultar frecuentemente la información que se nos da de las personas que han visitado nuestro perfil nos da la información del tipo de personas a las que interesamos. Si lo que vemos no corresponde mucho a nuestros objetivos quizás es bueno replantearse y revisar nuestro perfil porque igual no es del todo detallada que debería ser para el objetivo a alcanzar. Y, por el contrario, si nos ha visitado alguien con la que estamos interesados en estrechar vínculos podemos mirar de contactar con ella para reforzar el contacto.

- Añadir referencias a nuestro perfil puede ser útil para convencer a los seleccionadores de personal. Añade credibilidad hacia nuestra persona y orienta más sobre nuestra experiencia profesional basada en la opinión de terceras personas. Refuerza positivamente nuestra reputación digital y nuestro posicionamiento en la red.

- Tener un perfil en una red social profesional es útil de cara a la búsqueda de trabajo por otro aspecto: apareceremos mejor posicionados en los buscadores. Estas páginas se posicionan muy bien y rápidamente suben a los primeros puestos de las listas de resultados por lo que si alguien nos busca a través de un motor de búsqueda clásico tipo Google, Yahoo o Bing podrá encontrarnos fácilmente.

• **Principales redes sociales profesionales**: Linkedin, Xing y Viadeo. Ver como ejemplo mis perfiles profesionales en Linkedin, Xing y Viadeo.

SI QUIERES PROSPERAR UN POQUITÍN QUIZÁS TE CONVENGA ESTAR EN LINKEDIN

Linkedin, hoy por hoy, es la red profesional por excelencia a nivel mundial. Según parece, tienen en ella perfil los principales ejecutivos del mundo de las empresas Fortune 500. Permite crear perfiles múltiples en más de 40 idiomas y todos ellos conectados entre sí por lo que está asegurada una gran visibilidad. Todo va encaminado a que nuestro perfil sea visitado por multinacionales y empresas extranjeras.

Una funcionalidad que me gustó desde el primer día es que permite una sincronicidad con la cuenta de Twitter que hace que todos los twits que publiquemos automáticamente aparecen en Linkedin. Esto ahorra mucho trabajo de cara a tener el perfil actualizado.

En Linkedin se pueden crear:

• Perfiles personales gratuitos para individuos.
• Una página comercial gratuita para empresas y colectivos.
• Cuentas Premium de pago que ofrecen funcionalidades adicionales.
• Cuentas Talent Advantage de pago que ofrece funcionalidades específicas para las empresas de selección de personal.
• Cuentas de grupos para interactuar y compartir intereses.

En las redes profesionales el perfil se convierte en una especie de tarjeta de visita pero que sería muy completa. Permite dar, aparte de los datos personales, una completa presentación, añadir el *currículum vitae* y cualquier otro dato que se considere relevante de nuestra experiencia profesional. Un aspecto a considerar, también, es la posibilidad de tener recomendaciones de terceras personas que en el caso de que sean conocidas nos pueden dar un buen punto a favor. Se puede enlazar nuestro sitio web personal, hacer referencia a otros perfiles de redes sociales y subir el currículum en formato PDF.

Un tema bien resuelto es lo referente a la privacidad. Se puede elegir la información que queremos sea visible a cualquier persona que nos busque aunque no forme parte de la red. Esto es importante porque normalmente los buscadores suelen posicionar muy bien este tipo de páginas. La plataforma permite que se disponga de una URL propia hecho que permite que podamos usar el perfil a modo de web personal sin más complicaciones.

En cuanto a los contactos se pueden importar los que ya poseemos y buscar en los contactos de nuestros contactos. Otra vía interesante que se ofrece es que podemos saber las personas que nos han visitado el perfil en los últimos días y si nos conviene añadirlos como nuevos contactos.

Con todos estos datos se puede planificar bien una buena estrategia para conseguir los fines que nos propongamos. Analizando los comentarios al respecto que hay en la red se pone especial hincapié en los siguientes principales aspectos:

• Básico: Poner una buena foto y de calidad, a ser posible, hecha por un profesional.
• Repasar las <u>palabras clave</u> o keywords que ponemos en nuestro perfil para que se ajusten las búsquedas a lo que nosotros queremos.
• Ser participativo en los grupos que mejor nos definan por nuestros intereses.
• Usar las aplicaciones complementarias al perfil: Tripit (compartir viajes), Slideshare (compartir presentaciones) o Reading List de <u>Amazon</u> (compartir libros que se leen).

Ver como ejemplo mi <u>perfil personal</u> en Linkedin.

¿SIRVE PARA ALGO QUE NO SEA MAMONEAR ESTO DEL TWITTEAR?

Si tengo que ser sincero al principio pensaba que esto del twitteo iba de cachondeo. No veía ningún sentido a eso de tener que ir escribiendo algún tipo de memez para la peña aburrida. Pero, poco a poco, mi cuenta de twitter iba aumentando bastante rápidamente el número de mis seguidores. El descubrimiento inicial me vino cuando se me ocurrió promover un enlace hacia uno de mis blogs y ví como automáticamente las visitas subían de forma exponencial durante unas horas. Empecé a vislumbrar con ello algún tipo de posible beneficio. De todos es sabido que en este mundo no se valora la calidad tanto como el de la posible audiencia que puedas tener. Prueba de ello es que mis artículos sobre la calidad no se los lee ni el más aburrido de los mortales. Así que para mis cálculos estaba claro ….. si tengo 300 seguidores, anuncio un nuevo post y automáticamente me entran de 50 a 70 visitas ….. puedo con ello hacer las correspondientes proporciones tanto de visitas como de ingresos. Con una combinación adecuada de contenido y seguidores puede acabar siendo algo que merezca la pena tener en cuenta. La confirmación de todo ello me vino conversando con un hermano. Me contó que sabe de un pavo que se hizo con un puñado escandaloso de seguidores twitteando noticias de fútbol. Por lo visto, el tema se le había desbordado de tal forma que mantenía, con la tontería y una simple cuenta de twitt, a media docena de trabajadores. Pero mi pregunta fue inmediata ….. si bueno ….. ¿pero cómo se gana la pasta gansa con eso? Sencillo … hay empresas que quieren promocionar sus productos a base de añadir twitts publicitarios mezclados con la información futbolera. ¡¡¡¡ Anda !!!! Tiene razón. Regresamos al principio ..... mucha audiencia, es decir, muchos seguidores siempre se puede traducir en dinero.

El microblogging consiste en bloguear mensajes breves. Escribir post cortos que no superen un determinado número de carácteres y compartirlos con tus seguidores. La plataforma líder, hoy en día, es Twitter que permite dar la información en tiempo real y su web permite hacer mensajes de hasta 140 caracteres. Para el caso de Twitter podemos seguir a los usuarios que nos interese que pasarán a ser *follows* mientras que los que nos siguen a nosotros serán nuestros *followers*. Una diferencia importante con respecto a otras redes sociales es que no hace falta que se acepte la petición de contacto que es automática. Cada persona puede seguir a quien desee y recibir sus actualizaciones de estado sin necesidad de que la relación sea recíproca a no ser que decidamos crear una cuenta protegida. En este caso sólo podrán ver nuestras actualizaciones los usuarios que aceptemos en nuestra red para lo que deberán solicitar seguirnos y contar con nuestra aceptación.

Aunque se puede actualizar Twitter desde la plataforma directamente la verdad es que casi nadie lo hace de forma regular durante mucho tiempo. La mayoría de usuarios gestionan su cuenta desde aplicaciones externas como Tweetdeck o Seesmic. Yo mismo uso un plugin que me permite mandar un twitt automático que he predefinido desde mis blogs de wordpress a twitter sin tener que preocuparme más por ello. El plugin es WP to Twitter. El colmo del rizo automático es que muchas plataformas como Facebook, Linkedin, Myspace o Viadeo permiten publicar los twitts en los respectivos perfiles por lo que se monta lo que se conoce ya como una propagación viral de los contenidos generados en un blog. Es todo extraordinariamente rápido y multitudinario.

Lo que le ha dado un buen impulso a Twitter es que no son estrechos de miras, como lo son en muchas plataformas norteamericanas, y permiten que existan cuentas para adultos. Este tipo de cuentas tienen un crecimiento de seguidores espectacular a la que se promocionan contenidos interesantes. El microblogging es a tiempo real y tiene sentido para los usuarios que pasan mucho tiempo conectados a Internet. También se está demostrando como una herramienta muy útil para los que navegan con dispositivos móviles. Dada la brevedad de los mensajes son parecidos a los SMS del móvil y empiezan a ser una verdadera competencia. Son más útiles por precio, porque permite compartir enlaces y por su complementariedad con los blogs que suelen ser el origen de la mayoría de los twitts.

Ver como ejemplo mis cuentas de Twitter: migueljpavon (para todos los públicos) y migueljpavon (sólo para adultos).

LOS VIDEOS EN YOUTUBE ESTÁN EN UNA NUBE

El vídeo avanza sin parar. Poco a poco va ganando terreno al texto. En realidad mi hijo adolescente, que pertenece de pleno a la era digital, prácticamente no lee porque funciona con imágenes y vídeos. Los datos son aplastantes. Según parece ya hay momentos que se hacen más búsquedas en Youtube que en Google. No tardará mucho en verse superado y ganar distancia. A Youtube le falta todavía algún tipo de avance técnico que le acabe de dar un espaldarazo definitivo. Tiene por resolver su rentabilidad porque consume un ancho de banda increíble, su convivencia con los anuncios y encontrar cómo se relaciona la imagen con las frases de búsqueda. Hoy por hoy, cada vez que se sube un vídeo lo único que se puede hacer es pensar bien el título, la descripción y los tags para que sea localizado en las búsquedas pero pienso que no es la solución definitiva.

Con lo dicho, vaticino que es una apuesta de futuro tener un perfil en Youtube. Es una red social pensada hoy para compartir objetos y, en concreto, vídeos. Compartir un vídeo en esta plataforma es muy sencillo: sólo hay que abrir una cuenta gratuita y subirlo. Automáticamente, se crea un canal que se puede personalizar poniéndole título, añadir una breve descripción del contenido que se piensa subir y cambiar el diseño. Estas funcionalidades son muy útiles para las empresas. Cada vídeo, de forma individual, se puede etiquetar según los temas que trate, clasificarlo en algunas de las categorías predefinidas, situarlo en el mapa y ponerle un título. Después, cualquier usuario que se ha registrado previamente podrá comentarlo, puntuarlo y compartirlo en sus redes sociales. La plataforma ofrece toda una serie de datos estadísticos de las visitas recibidas muy completo.

Los vídeos alojados en Youtube se pueden insertar muy fácilmente en otras plataformas 2.0 tales como los blogs. Sólo hay que copiar y pegar el código que se facilita. Esto permite que el usuario pueda visionar el vídeo desde otro sitio sin necesidad de ir a Youtube.

No se aceptan vídeos con contenidos para adultos y son muy cuidadosos a la hora de respetar los derechos de autor de terceras personas. Cualquier tontería al respecto comporta que eliminen el vídeo o incluso cancelen la cuenta.

Algo a tener en muy en cuenta para tener muchas visualizaciones de vídeos es el número de suscriptores que tengamos. No hace falta que los aceptemos como tales. Es una buena referencia para conocer la gente que está interesada en nuestra producción y que son buenos candidatos a ver las próximas ediciones que subamos.

Ver como ejemplo mi perfil en Youtube.

¿HAS PENSADO QUE UN IMPREVISTO TE PUEDE HACER PERDER TODAS TUS FOTOS?

Hace un montón de años estaba mirando tranquilamente la televisión. En un programa de noticias vi una entrevista a una señora que estaba llorando y que se le había quemado la casa. Comentaba que comenzar de nuevo sería duro. Con dinero se pueden obtener muchas cosas menos una ..... las fotos y los recuerdos de familia. Me hizo pensar esta afirmación. En mi caso supongo que me pasaría por la cabeza una idea similar. Acto seguido empecé un trabajo lento: escanear las fotos que tengo y organizarlas en lo que ha acabado siendo mi web personal. Con el tiempo Internet ha descubierto que realmente se trata de una necesidad de más de una persona. Cuando empecé a duplicar mis fotos mi colección todavía era en formato papel y diapositiva. Convertirla a formato digital me representa un esfuerzo importante de tiempo pero lo voy haciendo poco a poco. Hoy día las cosas han cambiado radicalmente en este sector. Ahora casi todo el mundo ya hace la foto con cámara digital o con el móvil. El problema empieza a ser otro: organizar la gran cantidad de material generado.

Flickr es una página ya veterana y en ella se permite almacenar, ordenar y compartir fotos en línea. Hace unos pocos años también permite hacerlo con los vídeos. Pienso que su éxito se debe a que es una web sencilla de manejar. Permite administrar las fotos de forma sencilla que se pueden etiquetar para posteriores búsquedas y también se pueden comentar.

Está montada como red social por lo que permite tener un perfil en el que se pone la información que se desee y en el que se muestran los contactos. De esta forma, además de compartir fotos y vídeos Flickr sirve para interactuar con otros miembros de la plataforma como cualquier otra red social.

De cada fotografía subida se puede escoger el nivel de privacidad que se desea, es decir, quienes podrán ver la foto (se puede escoger entre: nadie, sólo amigos o todo el mundo), la licencia de uso para proteger los derechos de autor y el nivel de seguridad para que los usuarios sólo puedan ver las fotos en los espacios que el autor especifique. También podremos hacer álbumes para organizar las fotos y tenerlas ordenadas como veamos conveniente.

Además de poder etiquetar las fotos por temas también se pueden geolocalizar en un mapa para saber el lugar en el que fueron tomadas que nos permitirá luego hacer búsquedas por lugar. De forma automática se guardan los datos de la cámara con la que se hizo la foto que nos permitirá, también, hacer búsquedas por modelo de cámara.

Como plataforma social nos permite crear grupos que pueden ser públicos o privados. Está pensado para que los usuarios puedan conversar y compartir aficiones. Cada grupo tiene un mural de fotos y un foro en el que se puede conversar.

Para el mundo de los blogs y las webs Flickr permite la integración. Se pueden crear galerías de fotos dinámicas que van mostrando las diferentes imágenes que el usuario tiene almacenadas. Esta funcionalidad puede ser muy útil para presentaciones de empresa.

Resumiendo: Creo que es una buena aplicación para almacenar las fotos y tenerlas ordenadas. Permite compartirlas con el resto del mundo y también insertarlas en otros sitios 2.0 como son las webs o blogs. Y, quizás, lo más importante ..... que nuestras fotos y recuerdos estarán a salvo de un posible imprevisto como es un incendio, un terremoto o que nos roben el portátil con todas las fotos porque estarán guardadas en un lugar seguro y duplicadas en Internet.

Ver como ejemplo <u>mi perfil en Flickr</u>.

GUARDA TUS FAVORITOS DELICIOSAMENTE CON DELICIOUS

Delicious es un servicio de gestión de marcadores sociales que permite guardar enlaces, etiquetarlos, agruparlos y administrarlos de forma sencilla. Para entendernos, es como la sección de favoritos pero que en lugar de estar en nuestro ordenador está en línea. Es una buena idea si queremos estar prevenidos ante un posible fallo de nuestro equipo o tenemos algún imprevisto (robo, incendio, terremoto, ….).

Está montado como una red social por lo que podremos compartirlos con nuestros seguidores aunque también pueden ser compartibles con todo el mundo en la red.

Crearse una cuenta es gratuito y automáticamente se genera una página de perfil de usuario que cualquier persona puede visitar.

Para guardar un enlace se puede hacer de dos maneras: una es instalarse los botones de Delicious en la barra del navegador y la otra sería directamente desde la web accediendo a nuestra cuenta y clickar al botón de guardar un nuevo link. Una vez hemos clickado para guardar un enlace se abre una ventana y tendremos la opción de: añadir etiquetas, una breve descripción, añadirlas a un grupo o decidir si lo marcamos como privado o público. Información que se guardará junto con la URL y el título de la página.

Una vez hemos guardado el enlace lo podremos enviar por email y poca cosa más de momento.

Las etiquetas permiten navegar posteriormente por nuestros enlaces o los que haya guardado otro usuario y realizar búsquedas por tema.

Está en fase de renovación por lo que habrá que estar pendientes de cómo evoluciona y las innovaciones o novedades que se vayan añadiendo. Lo que sí parece es que el diseño nuevo es mucho más moderno y sencillo de uso que el anterior.

La diferencia que tiene con el Bookmarks de Google es que no georeferencia los enlaces en un mapa de momento. Google lo hace de forma automática por lo que se cometen algunos errores.

Ver como ejemplo mi perfil en Delicious.

VER TU PRESENTACIÓN AHORA ES MÁS FÁCIL QUE CORTAR UN MELÓN

Slideshare es una red social que permite almacenar y compartir presentaciones en formato PowerPoint, Keynote, Word y PDF además de vídeos a los que se les puede añadir audio. Esto último es muy útil si lo que queremos es emitir *webinars* (seminarios a través de Internet).

El primer paso es crearse una cuenta gratuita que de forma automática genera una página de usuario en la que aparecen todas las presentaciones que se comparten. En cada presentación se puede poner título, etiquetarla según los temas que trata, añadir una descripción, decidir si se comparte de forma pública o privada, con qué licencia y si se podrá descargar (en PDF) o no.

Es muy útil para compartir las presentaciones que hagamos en conferencias o jornadas y darles, luego, una visibilidad en la red. También existe la posibilidad de incrustarlo en nuestro blog o web y así se pueda ver directamente sin que nuestros visitantes tengan que ir a nuestro perfil en Slideshare para visionarlo.

Es interesante añadir nuestra foto o logo de la empresa y completar los datos del perfil si queremos usar la plataforma con vistas comerciales. Las presentaciones se pueden añadir a nuestro perfil en Linkedin o Facebook automáticamente.

Como cualquier otra red social, Slideshare permite crear grupos, buscar contactos, seguir a los usuarios que nos interese, recibir alertas y crear eventos.

Ver como ejemplo mi perfil en Slideshare.

TUS RESPUESTAS EN YAHOO RESPUESTAS PUEDEN ACABAR EN FIESTAS

Lo primero que uno piensa con lo de Yahoo Respuestas es que se trata de un entretenimiento más al servicio de la peña. Yo tengo que reconocer que no le hice ni el más mínimo caso durante bastante tiempo. Hasta que un día mirando mis estadísticas en Alexa vi como entre los enlaces importantes que apuntaban a mis webs estaban los que me recomendaban en Yahoo Respuestas. Esto significa una cosa: están bien considerados por los buscadores y se consideran de calidad. Tener media docena de enlaces en esta plataforma es garantía asegurada de tener un buen posicionamiento.

Yahoo Respuestas es una comunidad en la que los usuarios pueden formular preguntas y el que lo desea puede acudir en su ayuda con su respuesta dada de forma desinteresada y altruista.

No hay que darse de alta si se dispone de cuenta en Yahoo. Se utilizan los datos que ya disponen sobre nosotros.

El sistema es muy sencillo. En la página principal van apareciendo preguntas sin cesar. El ritmo es vertiginoso. Lo único que hay que hacer es estar pendiente de lo que se pregunta. Cuando aparece algo que conocemos bien se puede participar. Hacer una buena respuesta a lo preguntado es clave. Hay que seguir las normas básicas indicadas por Yahoo.

Caso contrario nos podemos encontrar que nos baneen la cuenta. Pero lo interesante de esta web es que junto a la respuesta se permite poner la fuente. Es más, desde la web se recomienda vivamente citar la fuente que se ha usado o que pueda complementar la respuesta realizada. Es la oportunidad para promocionar determinadas URL's que nos interesen. Deben ser altamente relacionadas con la respuesta.

Web: <u>Yahoo Respuestas</u>.

YA PUEDES GANAR DINERO CON TU PERFIL EN TU RED SOCIAL

No hace mucho me explicaba un hermano que conoce a una persona que se está ganando muy bien la vida con la cuenta de Twitter. La verdad es que se me hacía raro porque lo único que sabía ver es que los únicos que ganan en todo esto son los propietarios de las plataformas. Me explicó que es una gente que consiguió en su cuenta tener a un buen puñado de seguidores a base de comentar noticias deportivas y, en especial, de fútbol. En Twitter sí pienso que puede haber mucha gente siguiendo los goles en directo o los cotilleos. Es muy imprescindible saber si a un futbolista hoy le duele el dedo meñique del pie o si el otro ahora mismo ha hecho un erupto. De todo hay en la viña del señor. La cuestión es que la tontería da trabajo a más de media docena de personas. Lo que me mantenía intrigado es la forma de cobrar dinero con este montaje. Sencillo. Mezclado con la información de goles, dolores extremos y eruptos se pone de vez en cuando mezclado un twett publicitario pagado por alguna empresa. Está bien. Para grandes grupos y grandes movidas realmente esto es una buena posibilidad.

Lo que tenía que pasar ha acabado pasando. Se ha dado un paso más. Este paso lo está dando Linkeur. La idea va en la misma dirección. Más sencillo imposible. Mezclando a lo que cualquiera pone en su muro o en el de los demás de la red social que sea se pueden poner mensajes publicitarios. También permiten poner los enlaces en la web o en el blog.

Linkeur facilita las cosas en este sentido. No hay que preocuparse de buscar empresas que quieran pagar. De eso se encargan ellos. De esta forma el negocio está montado. El usuario de a pie lo único que tiene que hacer es poner más y más enlaces. A medida que se hagan clicks en esos enlaces se gana dinero. Simple. Bien simple.

El sistema paga por click realizado en los enlaces aunque tiene que ser durante los dos días siguientes a haberlos puesto el tiempo que se van a retribuir con un máximo de mil euros por click. También pagan por referidos. El pago lo hacen por Paypal o trasferencia bancaria cada quince días.

Web: Linkeur.

AHORA YA SE PUEDE VENDER EN TWITTER GRACIAS A SELL SIMPLY

Las redes sociales están revolucionando el mundo del comercio electrónico. Acaba de nacer una nueva herramienta: Sell Simply. Ahora se llama Chiprify. Funciona como un interesantísimo complemento de Twitter. Esta red tiene tantas posibilidades de complementarse que cada día sorprende más. Lo normal es pensar que la plataforma está focalizada en la conversación. Aparentemente no parece que sea precisamente un entorno amigable para un proceso relativamente complejo como es una acción comercial. Es, por este motivo, que muchas compañías lo emplean para llegar hasta más clientes. Luego, éstos son llevados hasta otra página web para controlar que la venta tenga lugar.

Sell Simply tira por tierra esta idea. Convierte a Twitter en una plataforma en la que se puede realizar todo el proceso de venta de un producto. Y, encima, de forma muy elemental. La herramienta también está preparada para que organizaciones sin ánimo de lucro puedan recaudar donaciones.

Igual como el propio Twitter, el proceso de compra no puede ser más sencillo. Hay que conectar, en primer lugar, nuestra cuenta de Twitter con el servicio de Sell Simply y con Paypal. Luego ya podremos empezar a incluir productos que se materializarán en tweets publicados en nuestra cuenta. Éstos incluirán el enlace a una foto, a una página con detalles adicionales y el precio de venta. Si alguno de nuestros seguidores, o incluso alguien que no nos siga, lee el mensaje, o por retweet, responde a éste clickando la palabra *"buy"* e incluyendo @SellSimply la compra quedará cerrada. En el caso de las donaciones, la palabra a clickar es *"donate"*. Naturalmente, el comprador o donante también tendrá que tener su cuenta validada para que Sell Simply procese la compra y PayPal efectúe el pago. Se genera un recibo que el comprador recibe por mensaje directo, email y queda almacenado en el perfil de Sell Simply. La herramienta es capaz de calcular automáticamente los gastos de envío en base a una serie de parámetros que el vendedor puede configurar de antemano.

Además del proceso ya explicado, esta ingeniosa herramienta de comercio electrónico también cuenta con su propia plataforma de pago denominada Chirp. Con ella se puede abonar el dinero de una venta a cualquier usuario registrado en Chirp. Pienso que puede ser una buena alternativa a Paypal porque de esta empresa no abundan precisamente buenas opiniones en los foros de la red.

LA PLATAFORMA SQUIDOO ES TAN SIMPÁTICA COMO EL SCOOBYDOO

Squidoo técnicamente sería algo así como una plataforma de microsite que permite compartir contenidos. Dicho de esta forma uno lo primero que hace es teclear algo más interesante y marcharse con la música a otra parte. Pero para mí ha sido un descubrimiento importante. Voy a explicar el por qué y de forma abreviada.

• Está montada como una especie de generador de páginas para promocionar productos. Se nota mucho que su fundador proviene del mundo del marketing. Y las ideas claras en este sentido se notan. Cada página se publica con el formato www.squidoo.com/manuales-tecnicos-de-cartografia. Es muy importante de cara a los keywords mirar de escoger bien el título con las palabras clave adecuadas.

• Una vez uno ha rellenado un mini cuestionario de registro ya puede empezar a publicar lo que se conoce en la web como lens. Te conviertes en un lensmaster. En realidad, cada lens es una página promocional de lo que queramos. Se pueden hacer tantos lens como se quieran.

• Cada lens se puede diseñar con una serie de módulos predefinidos que se pueden organizar a voluntad. Los que ofrece el sistema son: el de texto, el de foto, el de vídeo promocional, la lista de links, la lista de productos de Amazon, la lista de productos de eBay, las encuestas, la posibilidad de añadir un RSS, el poder hacer comentarios o debates, etc.

• Desde el punto de vista SEO, hay que tener en cuenta que los lens de Squidoo están muy bien posicionados y gustan a los buscadores. Este motivo hace que todos los enlaces que pongamos en cada lens nos van a subir rápido de rank. Algo a tener muy en cuenta. Tanto la lista de links, el RSS, los productos de Amazon o los de eBay pueden ser los que queremos promocionar.

• Otra cosa a considerar positivamente es que se trata de una web con un alto componente social y de respeto hacia el usuario. Esto lo digo porque los anuncios que se ponen junto a nuestra información, anuncios de AdSense, ventas en Amazon o ventas en eBay son con comisiones compartidas entre Squidoo y el usuario. Algo que se suele ver muy poco en la red porque el webmaster tiende a quedarse con todos los ingresos aprovechando el trabajo de los demás. Y, por si fuera poco, se da todavía un paso más. Existe la posibilidad de poder optar para que los ingresos obtenidos se destinen, todos o en parte, a donativos.

• El único problema que tiene ahora es que la plataforma y el esquema de funcionamiento están en inglés. Lo positivo es que se pueden publicar los lens en el idioma que se desee. Si se escribe en castellano presenta algunos problemas lo escrito con los caracteres no ingleses tales como los acentos o las eñes.

• Resumiendo: Es una buena forma de ganar dinero tranquilamente desde casa escribiendo sobre productos. No hay necesidad de tener cuenta abierta y aceptada en AdSense,

Amazon o eBay para ello. Sólo se precisa una cuenta de Paypal y se empieza a cobrar desde un mínimo de un dólar americano. Si se escribe en inglés con gracia se puede llegar a formar parte del top 100 y vivir de ello.

Web: Squidoo.

ESTIVI PENSANDI UNI ENTRADI Y UNI MI RECOMIENDI ESTIVI

No hace mucho escribí una explicación de la página de Squidoo para lo que es escribir artículos sobre productos que nos interese vender. Le di una buena opinión a la idea pero le puse la pega que hay que escribirlo en inglés. Lo bueno es que se compensa con un buen tráfico allende los mares. Resulta que en Internet el que no corre vuela. Así que en pocos días me aparece un comentario indicándome que me de un voltio por Estivi. Hoy lo he hecho y tengo que hablar bien de la web. Tiene todo lo que tiene Squidoo pero en habla hispana. ¿Qué más se puede pedir?.

Un resumen de lo que tiene a día de hoy la página:

• Sin necesidad de registrarse se pueden añadir páginas, fotos y vídeos. Piden lo normal: el título, la URL, la descripción, una imagen representativa de la página y añadir unos keywords.

• Con el registro te puedes hacer páginas promocionales de los productos que desees con todo tipo de información y enlaces. Lo interesante de hacer páginas es que se puede ganar dinero con ello. Pagan el 100% de lo que se gane con el AdSense.

Todo ello es muy interesante desde el punto de vista del desarrollo de las técnicas SEO porque podremos montar nuestros textos a nuestra manera y con los anchor text que nos convenga más promocionar.

Al igual que Squidoo le veo la pega que no aceptan páginas del mundo del sexo. Y mira que es una lástima porque tenía en mente escribir un artículo promocional de unas bolas chinas …..

Web: Estivi.

OTROS LIBROS DEL AUTOR

• **Título**: Conceptos generales para optimizar tu web.

• **Resumen**: En este libro se repasan los conceptos generales imprescindibles a tener en cuenta, los elementos necesarios de calidad y cómo crear los contenidos adecuados para que la web, blog o perfil tenga un éxito asegurado en Internet.

• **Información**: http://www.compraventa-dominios.com/?p=797